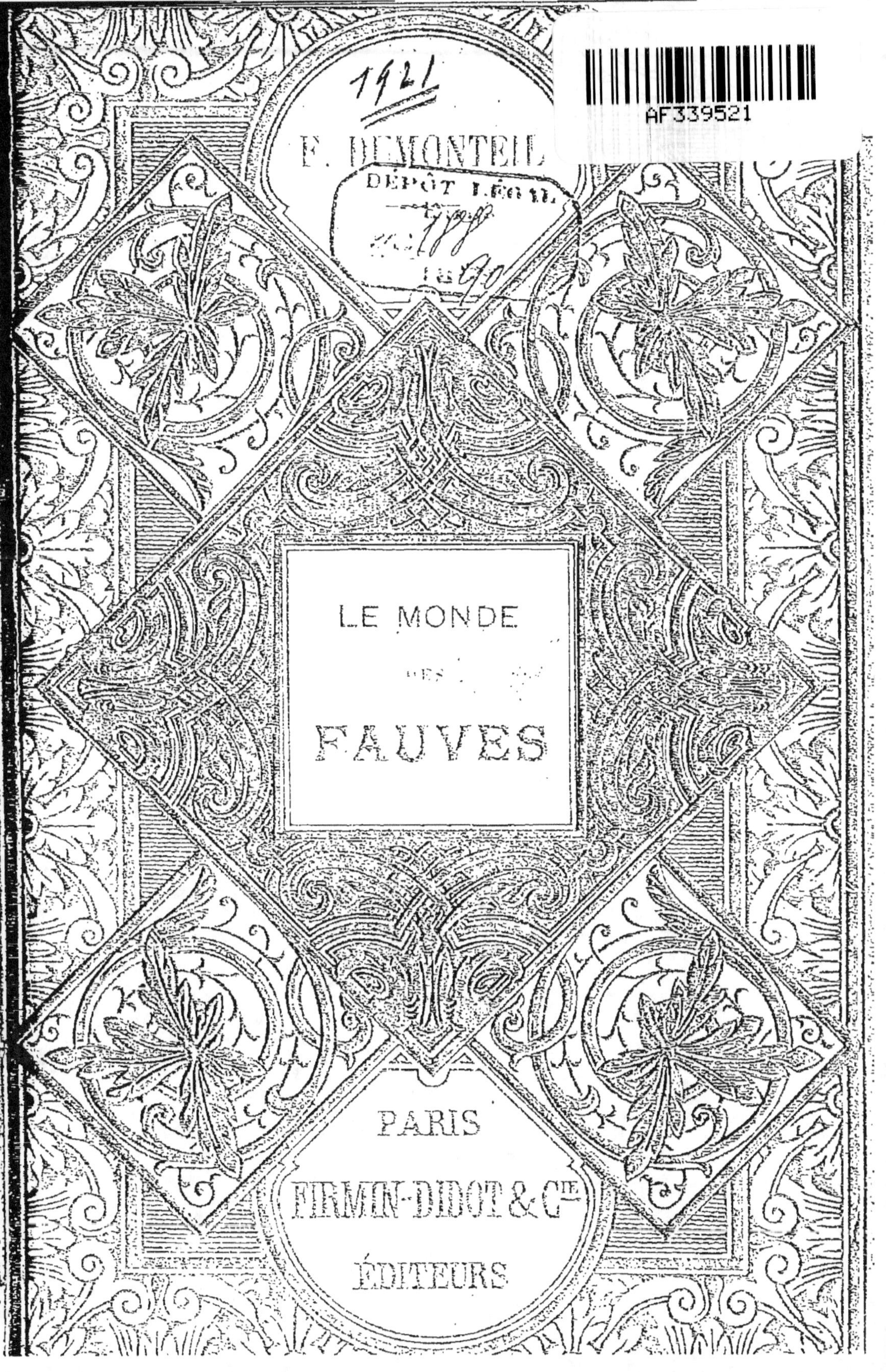
LE MONDE
DES
FAUVES
PARIS
FIRMIN-DIDOT & Cie
ÉDITEURS

LE
MONDE DES FAUVES

TYPOGRAPHIE FIRMIN-DIDOT. — MESNIL (EURE)

Fig. 1. — Sa Majesté le lion.

LE
MONDE DES FAUVES

AFRIQUE — ASIE — AMÉRIQUE
OCÉANIE — EUROPE

PAR

FULBERT DUMONTEIL

OUVRAGE ILLUSTRÉ DE 24 GRAVURES

PARIS

LIBRAIRIE DE FIRMIN-DIDOT ET Cⁱᵉ

IMPRIMEURS DE L'INSTITUT, RUE JACOB, 56

1890

LE

MONDE DES FAUVES

C'est une ménagerie, chers lecteurs, une ménagerie gigantesque et formidable, ayant pour compartiments les cinq parties du monde, que nous allons visiter ensemble. Nous explorerons tour à tour les steppes et les déserts, les jungles et les pampas, les montagnes Rocheuses, les savanes américaines, les solitudes d'Afrique, les forêts de l'Inde et les grands fleuves de l'Asie, le pôle et les tropiques, les régions glacées et les plaines brûlantes de l'équateur.

Les fauves, ces grands chiffonniers de la nature primitive, ces redoutables agents voyers des forêts vierges, des marécages et des monts incultes, disparaîtront un jour de ce monde, conquis par les efforts, la patience, le travail et le génie de l'homme.

Alors, tous ces réfractaires des bois et des cavernes, grands mangeurs de bétail et d'hommes, épouvantail et fléau, tout ce qu'on voudra, mais d'une utilité fatale dans leur monstrueuse existence, auront accompli à jamais leur mission héréditaire.

Ce n'est pas demain que les fauves des forêts américaines, des solitudes d'Afrique et des jungles de l'Inde, des steppes et des déserts, vont disparaître.

Ils sont encore là, redoutables et superbes, drapés dans leur majesté farouche, affamés et menaçants, rugissant sur un rocher abrupt, sommeillant dans les hautes herbes, tapis dans un ravin, rêvant de meurtre et de carnage au fond des cavernes, galopant sur les sables du désert immense, montant la garde sur la lisière des forêts, ou bien couchés au bord des eaux, la face et le poitrail barbouillés de sang. Ils sont encore là, ces monstres d'un autre âge, et nous allons essayer de les peindre, en visitant.

successivement l'Afrique, l'Asie, l'Amérique, l'Océanie et l'Europe.

C'est par l'Afrique que nous allons commencer notre grand voyage zoologique; l'Afrique, cette prodigieuse contrée de mystère et d'avenir, de curiosité et de sympathie; la terre de l'Afrique, où nous trouverons partout la France : dans notre belle et chère Algérie, en Tunisie, au Gabon, au Sénégal, dans ce merveilleux Congo, dont Brazza a doté la patrie.

LES FAUVES D'AFRIQUE

Les lions. — Le chacal. — L'hyène. — Le léopard. — La panthère.
— L'éléphant. —. Les antilopes. — Les zèbres. — Le gnou. —
Le rhinocéros.

A tout seigneur, tout honneur. Saluons d'abord Sa Majesté le Lion !

On raconte qu'un paysan de la Prusse fit, un jour, vingt lieues à pied pour se trouver dans une bourgade où devait passer le grand Frédéric ; et, comme on lui montrait l'illustre monarque au milieu de ses courtisans :

« Comment ! s'écrie le paysan stupéfait ; c'est là Frédéric ? Mais il est fait comme les autres. Un roi, c'est donc un homme ? »

Si, au lieu d'un roi, notre paysan se fût trouvé en face d'un lion, il n'eût certes pas éprouvé cette déception naïve.

Le lion, lui, n'est pas fait comme les autres animaux. Marqué d'un sceau de supériorité et de grandeur, il est seul de sa noblesse et de sa race. Sur sa face énorme et presque humaine et sur son front de géant, on croit lire ces mots : « C'est moi qui suis le lion. »

On le voit et on le reconnaît sans jamais l'avoir vu. C'est peut-être le plus bel animal de la création, le plus fier, le plus noble, le plus fort et le plus terrible.

Rien de plus majestueux que sa démarche, de plus harmonieux que ses formes, de plus imposant que son aspect; son front ne s'est jamais courbé, son regard étincelant ne s'est jamais baissé. Sa griffe déchire un léopard et sa gueule énorme emporte un taureau. Sa queue terrasse un homme. Quand il entre en fureur, son front se plisse horrible, ses crocs surgissent terrifiants, ses grands yeux verts lancent des flammes, sa royale crinière s'agite et se hérisse, et sa voix menaçante fait frissonner tous les animaux. Ce rugissement n'a, dans la nature, rien qui lui ressemble : c'est la voix du maître des maîtres.

Jadis, les lions étaient communs dans l'Asie Mineure et dans le pays actuellement connu sous le nom de Turquie d'Europe. On n'en rencontre plus aujourd'hui que dans quelques rares contrées de l'Inde, de la Perse et de l'Arabie. La véritable patrie du lion, c'est l'Afrique; son domaine royal s'étend depuis l'Atlas jusqu'au cap de Bonne-Espérance, depuis le Sénégal et la Guinée jusqu'aux côtes de l'Abyssinie et du Mozambique.

Les lions d'Algérie et du Sénégal, de Nubie, de Turquie, semblent avoir pour ancêtre l'antique lion de la Barbarie, à la taille énorme et ramassée, à la crinière longue et touffue, aux yeux étincelants, au large poitrail, aux membres nerveux et trapus, d'une force extraordinaire. Souche vraiment admirable, aïeul magnifique!

Les lions de la Perse sont de petite taille et les lions du Guzerate n'ont pas de crinière. Un lion sans crinière, n'est-ce pas un taureau sans cornes, un éléphant sans défenses, un écureuil sans panache, un coq sans crête, un roi sans couronne?

De tous les carnassiers, le lion est le seul qui vienne au monde les yeux ouverts.

La lionne porte cent huit jours et met bas trois ou quatre petits. Ce n'est que vers la septième année que les lionceaux ont atteint leur complet développement.

On ne saurait se faire une idée de la tendresse que la lionne prodigue à ses petits : elle les lèche, les caresse, les amuse, ne les quitte jamais sans les laisser sous la garde magistrale et débonnaire du lion.

Le lion lui-même est un papa gâteau ; on en a fait je ne sais quel sultan du désert ; c'est un bon patriarche, un père de famille plein d'indulgence et de bonté. Couché à l'ombre des palmiers, il s'étend sur le dos avec une grâce féline, faisant sauter ses lionceaux sur ses larges pattes, comme s'il jonglait avec sa terrible postérité.

En se roulant avec ses lionceaux, il leur donne comme des coups de patte sur les joues, coups adoucis et familiers auxquels les petits répondent par des caresses filiales ; et le lion les enlace de sa puissante queue, les mordille de ses crocs, les éloigne, les rapproche, les étreint de sa grosse main de velours. Comme Henri IV, jouant avec ses enfants, leur recommandait de ne pas froisser sa fraise, le papa lion semble dire à ses petits : « Prenez garde à ma crinière ! »

Et, blottie dans l'herbe, la lionne, suivant ces joyeux ébats, a l'air de songer : « Oh! les beaux enfants! Oh! l'heureux père! »

Quand les lionceaux sont assez grands, ils se séparent, et chacun s'en va dîner comme il peut, à la belle étoile.

Jules Gérard, le fameux tueur de fauves, a calculé que les trente lions qui se trouvaient, de son temps, dans la province de Constantine, coûtaient, par an, *deux cent mille francs* de nourriture! Un fier menu et une belle carte à payer, comme on voit.

On a fait au lion une grande réputation de générosité. Il ne faut pas exagérer. Tout le monde ne s'appelle pas Androclès ou Daniel; tout le monde n'a pas la bonne fortune de cette Francesca, de Florence, à qui un lion, bourrelé de remords, restitua l'enfant qu'il venait de lui ravir, et se comporta avec le docile empressement d'un épagneul qui remet un perdreau à son maître. Il est certain, pourtant, que le lion est moins cruel que certains animaux.

Le lion du désert est un personnage absolument inabordable, tandis que celui qui vit dans le voisinage des villes est plus accommodant.

On a vu des enfants armés de trompettes et de tambours mettre en fuite le roi des animaux qui, d'ailleurs, n'est pas un mélomane comme le serpent, la souris ou les araignées. Il convient de rappeler que le lion n'est point exempt d'égards envers les faibles et les petits, vieillards, femmes, enfants. Il faut à cet hercule un adversaire digne de sa vigueur et de son courage, un ennemi de son rang.

Le lion s'apprivoise parfaitement. Dans les villes algériennes, les fermes et les bazars, il n'est pas rare de voir un lion familier, obéissant et doux comme un terre-neuve colossal; mais... avec le lion, il y a toujours un *mais* formidable, il ne faut jamais se fier à sa générosité!

En 1840, je ne sais plus quel général, en garnison à Constantine, avait, dans sa cour, ombragée de palmiers, un lion privé, qui remplissait, avec une bonhomie peu commune, les importantes fonctions de concierge. On ne vit jamais portier plus conciliant et plus poli; cet honnête lion n'avait pas une goutte de sang sur sa crinière et sur sa conscience de carnassier.

Mais voici qu'un jour, en traversant la cour

de l'hôtel, le tailleur du général n'a-t-il pas l'impertinente et bouffonne fantaisie de cracher à la figure du roi du désert en l'appelant : « Vil pipelet ! »

Naturellement, le lion ne répond pas, mais, en un clin d'œil, il lave cette basse injure dans le sang du tailleur, dont il ne reste plus qu'un amas d'ossements ensanglantés; puis, d'un pas grave et lent, notre lion s'en va digérer le tailleur au soleil, aussi tranquillement que s'il avait avalé un lapin. Un exemple sembla nécessaire. Le lion fut fusillé; et pourtant, je le demande, n'était-il pas dans son droit de légitime défense?

Le lion a, dit-on, la mémoire des bienfaits; les naturalistes, à propos de ses sentiments de reconnaissance, racontent des faits aussi touchants qu'extraordinaires; pour moi, j'ignore si le grand fauve du désert a emprunté à l'homme cette rare qualité.

Le lion s'en va, le progrès a porté un coup terrible à sa race royale. Les temps approchent où l'on va défricher ses ravins, couper ses forêts, percer ses montagnes, arroser son désert; et le roi des animaux, exproprié par la civilisation, répondra par un dernier rugissement aux sifflements vainqueurs des locomotives, qui viendront retentir jusqu'au fond de son dernier repaire.

Alors, le lion s'en ira, d'un bond suprême, rejoindre dans l'abîme des âges les races à jamais disparues.

*
* *

Du lion passons à un pourvoyeur légendaire, le chacal.

Par une belle nùit d'Afrique, pleine de silence et d'étoiles, un cri funèbre s'élève tout à coup du désert, et mille cris sauvages lui répondent aussitôt des montagnes et des vallons, des bois et des ravins. On dirait un écho formidable et merveilleux, je ne sais quel bâillement gigantesque de la nature réveillée en sursaut. Ce cri bizarre ne ressemble qu'à lui-même. Ce n'est ni l'aboiement du chien, ni le glapissement du renard, ni le hurlement plaintif des loups, ni le ricanement sinistre des hyènes; c'est une voix perçante et douloureuse, un cri lamentable, une plainte sonore, un sanglot éclatant.

Cette voix assourdissante et lugubre, c'est le

Fig. 2. — Le chacal.

cri du chacal que tous les chacals répètent; écho
sépulcral, vibrant dans les rochers, ondulant

dans les plaines endormies, emplissant la vaste solitude.

Le chacal est le grand bohémien du désert. Son domaine est immense : la Perse, l'Arabie, la Syrie, l'Égypte retentissent chaque nuit de ses lamentations affreuses, et il court comme un possédé depuis la Barbarie jusqu'au cap de Bonne-Espérance.

On le trouve au golfe Persique, et on le rencontre encore, de loin en loin, à Gibraltar. Il fourmille en Abyssinie, dans le Sahara, et ne connaît qu'une barrière : le froid. Sans le froid, sa race pullulante couvrirait le globe.

On prétend que, pressé par la faim, il ose s'attaquer à l'homme, c'est rare; vivant de la dépouille des animaux, le chacal est moins un assassin qu'un voleur, un meurtrier qu'un glouton. Plus prompt à la fuite qu'à l'attaque, il ne crie si fort que pour s'étourdir lui-même et intimider son monde par ses étranges gémissements, que le vent emporte.

Comme l'hyène, sa sordide compagne, le chacal est un infatigable agent de la salubrité publique, un fonctionnaire important de la nature préposé à l'entretien de la grande voirie africaine.

Il ne faut pas croire, cependant, que le chacal, ce grand mangeur de dépouilles, soit indifférent à la saveur d'une chair vivante et fine. Plus d'une fois, dans le désert, des caravanes sans ressources et sans provisions ont dîné des victimes fort appétissantes des chacals.

Le chacal est un chasseur opiniâtre et rusé, un braconnier infatigable. Il suit, dit-on, le lion dans ses chasses, pour ramasser les miettes sanglantes tombées de sa table royale.

Le contraire arrive également : en poursuivant la proie qu'ils ont fait lever, les chacals remplissent les airs de leur voix lamentable. Averti par ce tintamarre, le lion quitte son repaire et présente sa face autoritaire aux chacals, en train de dépecer leur victime. A la vue du roi du désert, toute la bande s'enfuit en gémissant, et le lion se met à manger : il prend tout. C'est son lot, pour le motif que donne le fabuliste, « parce qu'il s'appelle lion ».

Le chacal est considéré, par certains naturalistes, comme l'ancêtre du chien. Ce sont pourtant là deux ennemis acharnés, mortels; l'un tient pour la barbarie, l'autre pour la civilisation. Un abîme les sépare. Ils ont oublié leur berceau commun et, quand ils se rencontrent, c'est pour se montrer les crocs. Chacun d'eux a suivi une voie opposée, et il semble qu'ils ne puissent pas se pardonner leur préférence réciproque. L'un a pris la route du désert, l'autre le chemin du chenil, et le premier fuit l'homme, auquel le second s'est donné.

Malgré sa nature farouche et ses instincts vagabonds, le chacal s'apprivoise aisément, et sa repoussante odeur s'efface à la troisième génération. Ce n'est pas un solitaire incorrigible, fuyant jusqu'aux siens; il ne vit, au contraire, que par bandes et paraît aimer la compagnie autant que la liberté.

Ce réfractaire de la chaîne et du collier, ce vagabond du vieux monde, ce bohémien du désert est peut-être bien le chien de l'avenir.

A la niche, le chacal!

*
* *

Dans l'Afrique centrale, un riant village, une cité verte et blanche, à l'éclat fantastique, ombragée de palmiers, apparaît quelquefois aux

Fig. 3. — Les hyènes.

regards charmés du voyageur. Mais quand·on pénètre dans ce grand village, l'aspect est tout autre. Partout des immondices, des débris infects, qui soulèvent le cœur en offensant les yeux. O miracle! le lendemain, tout a disparu, les balayeurs de nuit ont tout enlevé, tout emporté, tout... dévoré.

Quand le village est enseveli dans les ténèbres et le sommeil, un sourd grognement plane sur l'oasis : ce sont les hyènes du désert. Elles accourent par centaines, leurs robes tachetées pullulent dans les rues désertes, leurs yeux de feu étincellent dans l'ombre, et les carrefours abandonnés retentissent de leurs ricanements sinistres. Aux premières lueurs du jour, tout se tait, tout fuit. Les hyènes s'en vont au fond de leurs cavernes digérer leur ignoble festin.

Leur tâche est remplie. Là où croupissait le fumier de la veille, on aurait de la peine à découvrir un os d'écureuil, l'écaille d'un poisson, la peau d'une figue, la plume d'un oiseau, le cadavre d'une sauterelle.

Les habitants des villages africains n'éprouvent aucune crainte à la vue de ces travailleurs farouches. Il leur suffit d'un couteau ou d'un bâton pour traverser les bandes grimaçantes des hyènes.

Le vautour et le marabout, l'hyène et le chacal, voilà les infatigables et précieux agents que la nature a préposés à la conservation de la santé publique dans l'Afrique et dans l'Inde.

Malgré ses services incontestables, l'hyène est abhorrée.

Elle est lâche, n'attaque que les faibles, et toujours par ruse. Son champ de bataille est un cimetière.

Presque toujours elle fuit devant l'homme; mais, à la faveur du crépuscule, elle vole des enfants qu'elle emporte dans sa tanière, les étrangle et les cache un jour ou deux au fond des cavernes. Qu'attend-elle? Que sa victime se décompose. Le sang limpide et chaud lui répugne; c'est trop fade pour l'hyène.

Si sa bravoure égalait sa vigueur, ce fauve serait un des habitants les plus redoutables du désert. La rapidité de sa course est étonnante; sa force est telle qu'elle franchit une palissade de cinq pieds de hauteur en emportant dans sa gueule une chèvre ou un mouton.

Comme le chacal, l'hyène est une bête pleureuse et fanfaronne. L'un crie, l'autre joue la comédie pour intimider son adversaire. Il n'y a pas de contorsions bizarres que ne fasse l'hyène pour mettre ses ennemis en fuite : elle ride son front vil et bas avec une colère olympienne, attise son regard perfide d'un éclat menteur, avance et recule sa face hideuse, secoue son poil hérissé par la peur autant que par la rage, paraît prête à s'élancer lorsqu'elle n'a qu'envie de fuir, montre, dans un rictus exagéré, ses crocs infectés de chair morte.

Par tout son aspect et toutes ses grimaces, elle a l'air de dire : « Regardez comme je suis terrible ! » Elle n'est que révoltante.

Quoi qu'en dise Buffon, l'hyène s'apprivoise assez facilement ; il paraît même que, dans certaines régions de l'Afrique, les colons n'ont qu'à se féliciter de ses mœurs devenues paisibles et fidèles.

La réhabilitation de l'hyène me semble, pourtant, assez difficile. Sa réputation est faite. Elle n'en a que plus de droit à notre impartialité, et j'estime qu'on oublie trop les services qu'elle rend aux vivants, pour ne voir que ses injures envers les morts.

Parlons du léopard.

Ce félin splendide se trouve dans toutes les contrées de l'Afrique, mais c'est peut-être dans le Soudan qu'il atteint sa plus haute taille, sa plus grande vigueur, sa plus éclatante beauté.

Le léopard est le plus parfait des chats, le plus beau, le plus gracieux des félins. Sur tous les autres, il l'emporte par la perfection

Fig. 4. — Le léopard est le plus beau, le plus gracieux des félins.

achevée de son organisation, par la grâce et la douceur rythmée de ses mouvements harmonieux. En lui se résument tous les charmes et toutes les coquetteries de cette race terrible et charmante.

Sa patte veloutée, adroite et souple comme une main, rivalise de grâce et de mollesse avec celle de notre chat domestique; mais elle abrite une griffe qui défie tous les carnassiers, et ses dents puissantes sont, en proportion, plus à craindre que celles du lion lui-même.

L'ocelot seul, peut-être, est vêtu d'une plus belle robe.

Par la grâce et la vigueur, le léopard dépasse la panthère, à laquelle il ressemble, tant au physique qu'au moral, — moral de cruauté et de sang.

On trouve le léopard jusque dans l'Inde et la Mongolie; mais il est surtout un fauve africain. Les lieux qu'il aime et qu'il recherche sont les forêts profondes et les taillis épais, les hautes herbes, les montagnes richement boisées.

D'une audace que ne partagent pas les autres félins, il fréquente les pays habités, entre même dans les maisons pour y mettre bas ses petits, comme le fait est arrivé dernièrement dans une habitation d'Adoa, en Abyssinie. Ce n'est pourtant pas un sédentaire, c'est plutôt un vagabond des monts et des bois.

Redoutable aux animaux, même à l'homme, il s'empare, comme en se jouant, du gibier le plus rapide et poursuit les singes affolés jusqu'à la cime des arbres, avec l'agilité d'un écureuil. Ses bonds sont si légers qu'il semble à peine toucher le sol; il rebondit comme une balle élastique et traverse sans hésiter les grands fleuves à la nage.

Voilà pour le physique, passons au moral. Ah! c'est autre chose.

On peut considérer le léopard comme l'espèce la plus redoutable des félins : rusé, méchant, rapace, farouche, haineux, malicieux et sanguinaire, il attaque tout ce qu'il rencontre et tue tout ce qu'il attaque, chèvre, antilope, daim, brebis, cerf, chien, mulet. C'est la terreur et le fléau des troupeaux : étranglant jusqu'à trente brebis dans une seule nuit, il est bien plus à craindre que le lion, qui se contente d'une seule.

Le P. Philippini raconte que, dans l'espace de trois mois, au village de Mensa, en Abyssinie, onze enfants furent enlevés et dévorés par les léopards.

Des miaulements terribles, des grognements affreux, des cris diaboliques, telle est la fanfare de guerre de cet animal.

On chasse le léopard à la carabine, à la lance,

au poignard ; on le prend dans des fosses, et là, accourant de tous côtés, femmes, vieillards, enfants, le lapident, l'insultent, crachent à sa face, toujours belle et toujours fière :

« Ah ! te voilà, lui crie-t-on, voleur bigarré, assassin perfide, vagabond maudit ! Te souviens-tu des poules que tu as croquées l'an passé, des veaux que tu as étranglés dans la prairie ? des enfants que tu as dévorés à l'entrée même du village?... Dis, t'en souviens-tu ? Tu vois ces pieux, ils vont t'entrer dans le corps, scélérat aux yeux verts ! Ta tête cruelle rôtira sur un brasier et nous nous ferons un collier avec tes dents ! »

Couché au fond de la fosse, le léopard essuie avec dédain cette grêle d'injures et semble endormi. Parfois, il dresse la tête, fait un bond, rugit, et la foule des insulteurs disparaît.

Le léopard a eu le privilège et l'honneur d'être choisi comme bête héraldique aussi bien que l'aigle et le lion. Dans le Soudan, sa peau, presque sacrée, est, chez quelques peuplades, un drapeau de guerre.

Maigre, osseuse et palpitante, l'œil brillant comme une flamme, la robe merveilleusement

Fig. 5. — La panthère.

tachetée, toujours affamée de proies, toujours acharnée à la chasse, sans cesse à l'affût, se cou-

chant, s'allongeant, ondulant, bondissant, passant comme un trait, grimpant sur les palmiers avec une agilité éblouissante, telle est la panthère, un tigre en raccourci.

Il est impossible d'imaginer un être plus fin, plus délicat, plus propre, plus gracieux, plus coquet qu'une jeune panthère. Rien de charmant comme cette robe veloutée, chargée d'anneaux et de bracelets, toute pointillée de jaune, de noir et de feu. Dans les hautes fougères, on la voit sauter, jouer, bondir, glisser, onduler, s'étendre sur le dos, se rouler dans la mousse épaisse, montrant et cachant tour à tour sa tête enfantine, agitant sa patte mollement recourbée, comme si elle jouait avec un rayon de soleil.

Un rayon de soleil! c'est un être vivant, lézard, oiseau, écureuil, qui palpite sous sa griffe cruelle et dont elle tourmente l'agonie avant de le dévorer. Sa grâce enfantine passera et sa férocité originaire s'accroîtra avec l'âge, dans une vie faite de carnage et de sang. Laissez-la grandir, et bientôt elle sera le fléau des bois. Aucun quadrupède ne bondit aussi haut et aussi loin que la panthère. On ne l'a pas vue et l'on est blessé, meurtri : c'est un trait qui passe et qui frappe.

Comme le léopard, elle se trouve en Asie, en Afrique, dans la Perse, dans l'Hindoustan, où on la dresse admirablement pour la chasse. Il convient de signaler la panthère noire de Java, aux yeux d'or, à la robe de velours frappé.

*
* *

Voici l'éléphant qui s'avance sur ses quatre pieds d'airain, les défenses menaçantes et la trompe en l'air. C'est une forteresse mouvante, quand il se dresse en face d'un adversaire ; et lorsqu'il s'agenouille, on dirait une muraille qui chancelle et qui s'écroule.

L'éléphant d'Afrique est surtout une bête industrielle, que l'on chasse pour son précieux ivoire, dont le commerce étendu et prodigieux dépasse, chaque année, plusieurs millions. Très mouvementée et très dramatique, la chasse à l'éléphant; on le traque de tous côtés avec une avidité féroce, on l'immole par milliers. Il se rencontre des défenses d'un poids et d'un volume vraiment fantastiques. Les peuplades sauvages échangent de magnifiques défenses d'éléphant contre des produits d'Europe, et souvent des babioles et des colifichets, des verroteries vulgaires.

On fait chaque année de telles hécatombes de cet énorme pachyderme, que des naturalistes ont calculé la fin prochaine du monde des éléphants en Afrique.

C'est en Asie que nous étudierons l'éléphant, qui, dans ces contrées, est peut-être l'animal le plus intelligent de la création et le plus puissant auxiliaire de l'homme.

*
* *

L'Afrique est le pays des antilopes, aux formes charmantes, à la course rapide, aux espèces les plus variées.

Voici d'abord le canna.

De toutes les antilopes qui ruminent ou qui galopent, depuis la mer Rouge jusqu'à l'Océan, depuis l'Algérie jusqu'au Transvaal, la plus grande, la plus belle, la plus forte, c'est le canna.

Il n'est pas possible de joindre, à un plus haut

degré, la grosseur à la délicatesse, la vigueur à

Fig. 6. — De toutes les antilopes, la plus grande, la plus belle, c'est le canna.

la grâce, la douceur à la majesté! Le canna pèse
jusqu'à 500 kilog., et il est léger comme un che-

vreuil. Il atteint deux mètres au garrot, et il est élégant comme la gazelle. Ses jambes nerveuses et fines, délicatement bottées, ont l'air de fouler un tapis; sa poitrine est ornée d'un fanon qui pend comme un rabat, et son grand corps a des souplesses admirables. Sa tête noble et douce porte deux cornes magnifiques, ornées d'un bourrelet en spirale, comme le bâton d'un pâtre sicilien. Sa chair, d'une saveur et d'une délicatesse extraordinaire, est excellente.

En face du canna, se dresse la girafe à la robe mouchetée, au cou sans fin, à la tête bizarre, le plus élevé des animaux de la création. Ne dirait-on pas une gigantesque bête en porcelaine peinte, montée sur des jambes en verre, qu'elle semble avoir peur de briser en marchant? Oui; mais quand la girafe se donne la peine de mettre ses délicates jambes à son grand cou, elle étonne les regards par la rapidité vertigineuse de sa course; bien mieux, cette grande et frêle bête, d'un aspect si original, qui semble toujours prête à tomber d'indolence ou de fatigue, est un adversaire redoutable qui tient le lion lui-même en respect par d'impétueuses ruades.

Nous avons dit que l'Afrique est la terre classique de l'antilope; chaque contrée a, pour ainsi dire, la sienne propre.

Fig. 7. — La girafe, le plus élevé des animaux de la création.

Ici, la bubale, la douce gazelle, emblème de

beauté et type de courage; là, dés troupeaux d'oryx, dont les cornes arquées mesurent plus d'un mètre de longueur, errent dans le Soudan et dans la Nigritie; des bandes d'algazels s'en vont, d'un pied léger, de la Nubie au Sénégal; le Kordofan possède le pasan intrépide, qui, de ses cornes droites comme deux épées, repousse victorieusement les carnassiers du désert, attirés par sa chair exquise; le défasa et l'addax, aux grandes cornes contournées en spirales, peuplent les pâturages solitaires de l'Abyssinie; sur les côtes de Guinée, on rencontre le guib, gracieuse antilope, ornée de bandes blanches et croisées, qui dessinent sur ses épaules comme un harnais naturel.

Les colons du Cap voient tour à tour défiler, dans leurs plaines immenses, l'antilope bleue, l'antilope chevaline, l'antilope plongeante, qui se jette et disparaît dans les broussailles inextricables, et enfin la grimme, une miniature d'antilope.

Telles sont les principales antilopes qui sillonnent en tous sens le continent d'Afrique, procession incessante et pittoresque, bandes inoffensives et charmantes, qui ne demandent qu'à

Fig. 8. — Le corps du zèbre est digne de la robe qui le pare.

errer en paix, en broutant quelques touffes
d'herbe.

* *

Voici maintenant le zèbre, ce grand bohémien
des déserts d'Afrique, qui passe sous nos regards
éblouis. Ce n'est plus l'âne de la fable vêtu de
la peau du lion, c'est le cheval de la réalité qui
a endossé la peau du tigre.

Rien d'éclatant, d'original et de délicat comme
le vêtement du zèbre. Sur son corps jaune clair,
d'élégantes et fines bandes noires qui se détachent, se suivent, s'écartent, s'élargissent, s'a-
mincissent, se fuient, se retrouvent, se confon-
dent; tout un système d'anneaux, de ceintures, de
jarretières, de bracelets, de colliers. Et tout cela
s'harmonise, se complète et se tient. L'ayant vu
passer comme une flèche, les peuplades africai-
nes demeurèrent éblouies et le saluèrent de ce
nom poétique « le cheval du soleil ».

Le corps du zèbre est digne de la robe qui le
pare; c'est la force, la hardiesse, l'agilité; une
allure hautaine et vive, des mouvements brus-

ques et légers, un trot rapide et aérien, une grâce indolente et nerveuse, la tête fine et la jambe déliée, l'oreille mince, l'œil brillant et noir de la race africaine ; des bonds imprévus et des retours capricieux, des galops spontanés ; poses théâtrales comme s'il paradait dans un cirque ; je ne sais quoi d'impatient, de tourmenté, d'inquiet, d'obstiné, de nonchalant et d'emporté, de rapide et d'endormi.

Le zèbre habite les plaines immenses et désertes de l'Afrique méridionale. C'est un touriste infatigable et rapide autant que capricieux et hardi. On le trouve au Congo et en Abyssinie ; il traverse le pays des Hottentots, le Mozambique, et se promène du tropique à l'équateur.

Son courage, son agilité, sa force, en font un combattant redoutable, un adversaire respecté de tous les carnassiers du désert. Son pied nerveux visé, frappe, étourdit. Sa peau magnifique est comme le manteau royal des monarques africains. Sa crinière droite et raide pare l'épaule des guerriers hottentots.

La vie constante et accidentée du désert a instruit le zèbre à la prudence et à la ruse. Il prévoit, il flaire, il fuit le danger ; et il est si rapide qu'à

Fig. 9. — Le gnou est une bête excentrique et bizarre.

moins d'avoir des ailes, le danger ne saurait l'atteindre. La domestication du zèbre est assurée, mais elle sera pénible et lente, bien que déjà on l'attelle dans nos jardins zoologiques. On ne persuade pas ce bel animal, on le dompte. Il faut le combattre jusqu'à ce qu'il soit vaincu, jusqu'à ce qu'il soit conquis.

*
* *

Le gnou est une bête excentrique et bizarre entre toutes : une tête de taureau, des cornes singulières, une queue de cheval, des yeux hagards et farouches, un front bombé, le nez écrasé, de larges et frémissantes narines obstruées de poils rudes, des moustaches hérissées et la poitrine horriblement velue ; tout nerfs et tout feu.

Il a la vivacité de la poudre, l'impétuosité de l'avalanche, la rapidité du vent, des cabrioles extravagantes et des bonds fabuleux, je ne sais quoi de fébrile et de comique, de gracieux et de barbare, de baroque et d'évaporé ; l'agilité d'un oiseau et l'air d'un fou. On dirait que le soleil de l'équateur lui a tourné la tête.

La chasse du gnou est des plus difficiles; on ne poursuit pas un torrent, on ne force pas le vent, on n'atteint pas une flèche. Il ne succombe qu'à un guet-apens. Quand il voit que ses cornes sont impuissantes à vaincre et ses jambes à fuir, il se tue, préférant ainsi la mort à la captivité. D'un bond, il s'élance vers un précipice, fait une cabriole suprême, tombe et meurt comme il a vécu, en faisant la voltige.

Le gnou a disparu dans sa course vertigineuse; une masse horrible et menaçante surgit à l'horizon, c'est le rhinocéros, un des fauves les plus formidables de l'Afrique.

*
* *

Après l'éléphant, le rhinocéros est le plus grand des mammifères connus. Sa peau défie les balles et les lances, et sur son nez il porte une ou deux cornes, qui parfois atteignent plus d'un mètre de hauteur; c'est une arme terrible.

Cet énorme animal est stupide et farouche; presque toujours en proie à de mystérieuses

Fig. 10. — Le rhinocéros est un animal stupide et farouche

colères, à de formidables emportements, il s'attaque aux arbres, aux buissons, au sol, aux rochers, à tout. Labourant la terre de sa corne redoutable, faisant voler le sable sous son pied d'airain, ce possédé a des fureurs que rien n'explique. Tous les animaux le craignent, et il n'en craint aucun. Quel choc pourrait ébranler ce colosse? Quelle gueule ou quelle griffe pourrait entamer cette armure?

Le rhinocéros est le fléau des plantations et la terreur des animaux. Des naturalistes affirment que sa vue seule met le lion en fuite, et qu'après une lutte acharnée, il triomphe de l'éléphant. L'homme seul est l'ennemi qu'il redoute.

Le plus formidable et le plus terrible des individus de son espèce est le rhinocéros noir, qu'on rencontre plus particulièrement en Nubie et dans le Soudan. On le chasse à cheval, et combien de fois lui est-il arrivé de jeter en l'air, d'un coup de corne prodigieux, cheval et cavalier! Dans sa rage aveugle, il prend souvent pour un chasseur une touffe d'herbe qu'il piétine, un rocher qu'il attaque, un arbre qu'il transperce. Dans sa course brutale et insensée,

galopant tête baissée et corne en avant, il donne
contre un arbre avec une telle force, qu'il se
trouve tout à coup prisonnier, incapable de
retirer sa corne, enfoncée dans le tronc comme
une épée.

Un jour, on le trouvera cloué à son poteau,
immobile, énorme, mourant de fatigue, de rage
et de faim. Alors, les chasseurs accourent, les
carabines s'épaulent, les flèches partent et les
lances s'allongent. La bête est morte. Mais ce
n'est plus une victoire, car le grand fauve
meurt assassiné.

Nous venons d'assister au défilé monstrueux
des fauves de l'Afrique. Nous allons passer en
Asie, où nous n'aurons plus à parler du lion,
de l'hyène, du chacal, du léopard et de la panthère, dont nous avons fait la connaissance en
Afrique. Mais de nouveaux fauves nous atten-
dent au bord des grands fleuves et des jungles
touffues.

LES FAUVES D'ASIE

Le tigre. — Le buffle sauvage. — L'éléphant de l'Inde.
Le nilgaut. — Les dhôles.

Un classement puéril a fait du tigre comme un vice-roi des animaux, ayant pour sultan le lion.

Le tigre ne relève que du tigre et ne partage avec personne sa couronne ensanglantée. C'est tout simplement le monarque de l'Asie, comme le lion est le roi de l'Afrique : l'un règne en souverain sur les rives du Gange, l'autre a pour trône l'Atlas.

Le tigre est répandu sur la plus vaste face de l'Asie. C'est un montagnard, qui s'en va volontiers déjeuner dans la plaine. La chaleur lui plaît, mais son manteau royal brave les frimas.

Le Bengale et la Mongolie, le Tonkin, la

Chine, la Cochinchine, la Birmanie, l'Annam et le Cambodge, voilà les immenses domaines du tigre.

La taille et la souveraine beauté du tigre du Bengale sont légendaires. Dans l'extrême Orient, il est bas et ramassé. Il semble un peu lourd sur ses pattes trapues; masse indolente et superbe, majesté pesante et formidable, il a l'air de sommeiller; mais que le péril l'excite ou que la faim l'aiguillonne, il se lève, bondit, frappe, assaille et tue presque à la fois.

On prétend que, lorsque le tigre aperçoit l'homme pour la première fois, il ne l'attaque jamais, le considérant avec une sorte de dédain. Il a l'air de dire : « Quel est donc ce pygmée? »

Ce pygmée, c'est le maître du monde et le dompteur de la création.

Les Cambodgiens ont l'ingénieuse fantaisie de se débarrasser de « Monseigneur le Tigre », comme ils l'appellent respectueusement, en lui donnant un concert, ce qui n'est meurtrier que pour l'oreille. Armés de tams-tams, de gongs, de tambourins, de trompes et de crécelles, les assaillants, je n'ose dire les musiciens, forment

Fig. 11. — Le tigre est le monarque de l'Asie.

un vaste cercle autour du fourré où les tigres font la sieste.

Surpris dans leur sommeil, étourdis par ce tintamarre extravagant qui éclate comme une bombe au sein de la forêt, les tigres sont saisis d'une terreur folle, restent sur place, hésitants, tremblants, l'oreille basse, comme paralysés, ne songeant ni à fuir ni à se défendre. On peut alors s'approcher d'eux et les tuer impunément à coups de fusil ou à coups de lance, tout en ménageant le plus possible leur peau précieuse.

Les Annamites s'y prennent autrement que les Cambodgiens; ils font au tigre une chasse moins bruyante, mais aussi pittoresque et peut-être plus originale encore.

Tout autour du repaire de la bête, ils sèment de larges feuilles de figuier, arrosées d'un liquide gluant. Le tigre sort de son gîte royal et s'avance fièrement sur ce tapis trompeur.

Une feuille s'attache à sa patte, puis une autre, puis cinq, puis dix, puis vingt; le grand félin s'étonne et s'irrite. De sa queue déjà frémissante de colère, il essaie de débarrasser ses malheureuses pattes; bientôt son mufle, son cou, son poitrail se couvrent de feuilles inséparables.

Furieux, il se roule dans l'herbe, rugissant, et plus il veut se délivrer de ce gluant feuillage, plus il s'enveloppe dans cette robe de Nessus, qui ne le brûle pas, mais l'entrave, le suffoque, l'étouffe. Enfin, palpitant, exténué, à bout de souffle et de force, il tombe pour ne plus se relever. Les chasseurs arrivent, et armés de simples bâtons, assassinent à leur tour le grand assassin des troupeaux.

Les Cambodgiens et les Annamites lui ont déclaré une guerre acharnée, tout en lui prodiguant avec respect les titres gracieux de « maître des maîtres » ou de « sultan fourré ».

Aussi bien, le plus beau des fauves devient plus rare de jour en jour, et l'on peut prévoir l'époque où il ira rejoindre les espèces disparues dans la nuit des âges.

**

Je vous présente le buffle sauvage d'Asie, l'éternel et formidable ennemi du tigre; le front bas, sombre et bombé; le regard farouche, la chevelure inculte, la barbe rude, le poil noir;

la croupe élevée, la queue flottante et le garrot en bosse; l'oreille pendante, les naseaux frémissants, la bouche écumeuse; des cornes menaçantes, recourbées, comme tordues par la colère; l'air indomptable et fier; des formes herculéennes, une majesté brutale et massive.

Sa course est rapide, effroyable; rien ne l'arrête, ni l'eau, ni le fer, ni le feu, ni les grands fleuves qu'il traverse à la nage, ni les fourrés inextricables, ni les forêts épaisses où il passe comme une trombe vivante, courbant tout, brisant tout. Sa jambe énorme est vigoureuse, le pied impatient et large, prêt à fouler la victime que ses cornes ont percée comme une lance.

Plus redouté que le lion lui-même, le buffle est le vainqueur ordinaire du tigre royal.

Après le carnage, sa passion est le bain. Il reste des journées entières enfoncé dans les roseaux, nageant dans les rivières, et c'est un spectacle terrifiant de voir s'avancer vers la rive ces têtes noires et ces faces monstrueuses, surmontées de cornes menaçantes.

Tout autre que le buffle sauvage est l'éléphant indien, aussi remarquable par son intelligence

Fig. 12. — Dans le royaume de Siam, l'éléphant blanc est presque un dieu.

que par sa beauté : des yeux noirs ombragés de longs cils, un regard de créole fin et doux, un front superbe aux contours asiatiques, la dé-

marche indolente et fière, le balancement ca-
dencé d'une almée, une taille de 2 mètres, et
4 mètres de circonférence ; un pan de muraille,
avec une tête de granit et des pieds de fonte.

Son pas est mesuré, discret et sourd, comme
s'il marchait sur un tapis d'Orient.

Son oreille, large comme la feuille du pal-
mier et mouvante comme une vague, mesure
presque un mètre. Sa bouche avalerait sans
peine un melon de Calcutta, et dans chacune de
ses défenses, aussi blanches qu'un lis, on sculp-
terait un bénitier ; enfin, le nez est prodigieux,
fantastique, inouï ; il a plus d'un mètre de
long !

Cette trompe sans pareille, c'est la fourchette
à la main, c'est l'arme, c'est la massue de l'éléphant. Avec elle, il cueille nonchalamment
l'herbe parfumée des prairies, déracine les ar-
brisseaux, emporte et fait rouler des troncs
énormes, lance dans les airs les léopards qui
le gênent et débouche les bouteilles de cham-
pagne dans les cirques.

N'oublions pas surtout un regard à l'expres-
sion presque humaine, plein de finesse, étincelant de rancune ou de bonté. Tel est l'éléphant

de l'Inde, qui apparaît au premier rang des animaux d'élite.

On pourrait écrire un volume sur la prodigieuse intelligence, les éclatants services et les curieux dévouements de l'éléphant privé. Sa mémoire est prodigieuse. Au bout de dix ans, il se souvient encore du mal ou du bien qu'on lui a fait, exprime sa gratitude ou sa vengeance, caresse de sa trompe un ami, sauve un bienfaiteur ou tue un ennemi.

Dans les monts Kotmalis, sur des hauteurs inaccessibles, des éléphants manœuvrent avec leur trompe de larges cognées, dont on leur a enseigné l'usage, coupent des arbres gigantesques, les chargent sur leurs épaules, les ébranchent et les portent à Colombo, sur le port, où d'autres éléphants les reçoivent et les empilent, selon toutes les règles de l'art. Dans l'Hindoustan, on confie quelquefois la garde des petits enfants à de vieux éléphants, qui sont pour eux pleins de prévoyance et de sollicitude.

On sait qu'en Perse, comme dans d'autres contrées de l'Asie, on charge la croupe de l'éléphant de pièces d'artillerie. La chasse est sa passion, comme la guerre. Il poursuit les dhôles et les tigres, les panthères, les léopards, et attire en captivité, c'est-à-dire qu'il conquiert à la civilisation, les éléphants sauvages.

Dans le royaume de Siam, l'éléphant blanc est un vrai personnage, un haut dignitaire, presque un dieu. Sa naissance ou sa conquête est un événement, une félicité universelle. Sa mort est un deuil public. Il habite un palais, une sorte de temple merveilleusement décoré, où il a ses prêtres et ses courtisans. Pourquoi ce culte étrange ? On se rappelle peut-être que, dans la croyance hindoue, l'éléphant est la plus volumineuse incarnation de Bouddha, et que les âmes royales se réfugient volontiers dans le corps de ce grand pachyderme, où elles ont vraiment leurs coudées franches.

*
* *

Comme l'Afrique, l'Asie a de nombreuses et superbes antilopes, au premier rang desquelles apparaît le nilgaut. Ce superbe animal diffère essentiellement du canna africain, bien qu'il soit comme lui grand, robuste et plein de grâce.

L'un est plus coquet, l'autre plus noble ; l'un charme, l'autre impose.

Le nilgaut est brun comme un Hindou ; le poil est ras, le corps svelte et dégagé ; la tête petite et fine, le museau effilé ; l'œil grand, le

Fig. 13. — Le nilgaut est brun comme un Hindou.

regard doux, mais inquiet, comme s'il voyait poindre un danger à l'horizon ; la jambe nerveuse et le pied impatient. A la poitrine, un flocon de poils qui a l'air d'un trophée ; au-dessus des quatre sabots, des bracelets blancs, qui se détachent avec éclat sur la couleur brune de ses membres. Les cornes sont courtes et droites, recourbées en avant de la façon la plus coquette. C'est une parure originale et non une menace. Mais comment rendre la grâce de cette magnifique antilope, qu'il faut voir à l'état libre, traversant d'un galop aérien les plaines du Lahore, campée sur un rocher du Cachemire, ou couchée aux bords de l'Indus?

La chair du nilgaut est environnée d'une sorte de respect. Dans la Mongolie, elle est réservée au souverain, et le don d'un quartier de nilgaut est une faveur des plus enviées par les seigneurs de la cour. C'est comme un mets sacré : on ne le mange pas, on se prosterne et on le savoure.

Grâce à sa multiplication rapide, le nilgaut est devenu presque commun. On le trouve dans beaucoup de parcs anglais et dans tous nos jardins zoologiques.

*
* *

Quelle est donc cette meute étrange et formidable qui apparaît à l'horizon? Ce sont les dhôles, les chiens sauvages de l'Inde.

La queue flottante et le poil hérissé, l'oreille droite et l'œil en feu, le croc chargé d'écume et la gueule enflammée, une férocité que rien n'arrête, des flancs nerveux qui palpitent de faim et de colère, mais jamais de fatigue; un souffle incessant de haine et de carnage, qui l'emporte comme le vent à travers les jungles, où tout fuit devant lui, tel est le dhôle.

Il ne va jamais seul : ils sont soixante ou cent chiens, effroyables et pressés, avides de combat, altérés de sang. D'où viennent-ils? Interrogez les steppes. Ce sont les vagabonds et les bandits des jungles, et leur meute ne connaît ni limites ni barrières. A son approche, tout tremble et se dérobe.

La meute affamée passe, elle a passé. Sur sa route, elle rencontre tour à tour le tigre, le rhinocéros et l'éléphant. Des combats épouvantables s'engagent, et toujours les dhôles sont vainqueurs.

Une créature apparaît tout à coup au milieu des bois; elle est seule, sans suite, sans armes : c'est l'homme.

Le dhôle s'arrête et le regarde; il le regarde sans étonnement ni colère, comme s'il retrouvait en lui un maître d'un autre âge, un compagnon du passé, un ancien ami. Cette rencontre soudaine semble avoir mis un frein à sa férocité. Il a même ralenti sa course furibonde, comme pour regarder en arrière, dans la nuit des temps... Se souvient-il qu'il fut une époque où il vivait sous un toit protecteur, soumis et fidèle à l'homme? C'est possible; et ce temps-là, le regrette-t-il?

Regardez comme il court! on dirait un esclave qui a rompu sa chaîne; ce n'est qu'un chien sauvage, mais c'est une bête libre, ayant pour seul maître la nature.

LES FAUVES D'AMÉRIQUE

Le jaguar. — Le taureau sauvage du Paraguay. — Les buffles et les bisons. — L'ours gris des montagnes Rocheuses. — L'ours brun de la Louisiane. — Les pécaris.

Du Mexique au Paraguay, sur la lisière des forêts profondes, au bord des fleuves, dans les hautes herbes des Pampas, se promène en souverain le roi des carnassiers du nouveau monde, un des plus magnifiques animaux de la création : le jaguar. Ce tyran des Prairies commande dans les vastes plaines, les bois touffus, comme le lion en Afrique, et le tigre royal sur les bords du Gange.

C'est un franc bohémien, galvaudant sa couronne ensanglantée de forêt en forêt, dans le carnage des belles nuits étoilées; sans gîte et sans famille, il erre toujours seul, s'endormant où l'aurore l'a surpris, se réveillant dans les fourrés impénétrables où il a passé le jour.

Ce qu'il aime, c'est la nuit, où ses grands yeux errants étincellent d'un feu sauvage.

Alexandre de Humboldt et le prince de Wied ont vu des jaguars aussi grands que le tigre du Bengale ; d'Azara compare la force prodigieuse de ce grand félin à celle du lion. Vingt dogues ne sauraient faire reculer le jaguar ; acculé contre un arbre, la face ridée et l'œil en feu, il agite sa patte formidable comme s'il jonglait. Le dogue qu'il atteint n'est plus qu'un invalide ou qu'un mort. Il n'y a pas de refuge contre le jaguar.

Reingger affirme qu'il attaque l'alligator même au bord des rivières, et Humboldt a vu des jaguars traverser à la nage des fleuves d'une lieue, traînant à leur gueule un cerf ou un cheval. Les matelots eux-mêmes ne lui échappent qu'en plongeant dans le fleuve, et le roi des pampas, fièrement assis au milieu de la barque abandonnée, s'en va à la dérive, la tête haute et le regard étincelant jusqu'à ce qu'il bondisse sur le rivage.

Le cri du jaguar est terrible et tout se cache dans la forêt quand son formidable *hou-hou* fait retentir les échos à deux lieues à la ronde.

Fig. 14. — Un des plus magnifiques animaux de la création : le jaguar.

On le chasse à la lance, à la fourche, au couteau, à la massue, à la flèche, au lacet. Cette dernière chasse est la plus curieuse et la plus sûre, sinon la plus émouvante.

Quand le jaguar a grimpé sur un arbre, les chasseurs arrivent au galop de leurs chevaux et lui lancent avec une adresse merveilleuse un lacet (*lasso*) autour du cou. On l'a vu, il est pris. Un chasseur attache aussitôt un bout de la corde à l'anneau de sa selle et met son cheval au galop, traînant en rase campagne le grand fauve, rugissant de colère et de douleur.

Si le jaguar disloqué, meurtri, sanglant, oppose une dernière résistance, un autre chasseur lui passe un second lacet aux jambes de derrière, et les cavaliers, galopant à toute bride en sens opposé, n'ont bientôt entre eux qu'un cadavre.

Vive et profonde est la tendresse que la femelle du jaguar prodigue à ses petits. C'est elle qui leur apprend la chasse, la pêche et la guerre.

Tapie sur les bords d'un marais, elle prend le reptile au passage et l'oiseau au vol : « Voilà, mes enfants, semble-t-elle dire, comme on chasse. »

Blottie comme une grande chatte le long des

torrents et des rivières, elle étend sa grosse patte de velours et fait sauter sur la rive le poisson surpris, qui sera le plat du jour : « Voilà comment on pêche, mes enfants. »

Cachée dans les hautes herbes, pendant que ses petits font le guet, elle bondit sur le cheval sauvage et le tue : « Voilà, mes fils, comment on égorge. »

Mise en face des chasseurs, elle a brisé trois lances et tordu une massue, mais une balle la frappe au cœur, elle tombe, et un dernier rugissement, mêlé de fureur et d'amour, semble dire à sa famille : « Voilà comment meurent les jaguars. »

Si, au contraire, un chasseur lui a ravi ses petits, qu'il emporte au galop de son cheval, elle les suit en bondissant durant plusieurs lieues, à travers les torrents et les buissons, puis elle tombe mourante de fatigue et de rage, en poussant un cri suprême, un *hou-hou* navrant de désespoir et de tendresse.

Fig. 15. — Le boa s'élance comme un trait, frappe, brise, enlace ...

Voici, maintenant, le taureau sauvage du Paraguay. C'est le plus grand ennemi du jaguar, comme le buffle d'Asie est le plus redoutable adversaire du tigre.

Quand il résiste, c'est un roc. Quand il attaque, c'est une trombe irrésistible; son jarret est d'airain et sa corne est de fer; son front est une enclume. Il a la robe noire et l'œil sanglant. Sa masse énorme et frémissante court, bondit, s'élance avec une agilité terrifiante, son mugissement de maître a des éclats terribles. Un rien l'excite et rien ne l'arrête.

Malheur à l'être vivant qui se trouvera sur sa route! Mais tout le fuit, car tout le craint.

Il y a pourtant deux ennemis déclarés du taureau sauvage; le jaguar et le boa.

A la vue du grand félin, le taureau s'avance avec une majesté sauvage et défie son adversaire, en faisant voler la poussière sous son sabot furieux. Au mugissement de l'un répond le rugissement de l'autre, et tandis que le jaguar s'aplatit comme un chat, prêt à bondir, le taureau sauvage se jette sur son adversaire, opposant aux griffes du fauve ses cornes, deux épieux, et son front, un maillet.

Un nuage de poussière voile les combattants. La poussière tombe et le silence règne dans les prairies. Quel est le vainqueur, du taureau sauvage ou du jaguar? Tous les deux sont morts.

Autre combat, autre ennemi, c'est le boa! Il n'attaque pas le taureau en face, il le surprend, et c'est moins une lutte qu'un piège. Quand le taureau du Paraguay vient se désaltérer au bord des eaux, le boa gigantesque est là, invisible, attendant, avec sérénité, sa victime et son dîner. Déjà, il a cherché un point d'appui, en prévision d'une lutte prochaine : c'est un énorme tronc d'arbre autour duquel il fixe solidement sa robuste queue. Tout à coup, le taureau survient, s'avance.

A la vue de sa proie, le boa s'élance comme un trait, frappe, brise, enlace, étreint sa victime et l'entraîne jusqu'au marais voisin qu'il habite. Là, dans les roseaux, après avoir « fatigué » sa proie, qui se trouve passée comme au laminoir, il l'engloutit.

Après cette déglutition formidable, le boa s'endort; ce n'est plus un reptile, c'est une masse inerte. Il digère le roi des Prairies, le taureau du Paraguay.

Nous nous bornerons à signaler les buffles des
savanes américaines, gibier monstrueux et pré-

Fig. 16. — L'ours brun.

cieux, qui est l'une des richesses de ces contrées
par sa peau, ses muscles, sa chair boucanée, ses

filets substantiels et savoureux qu'on expédie dans la vieille Europe.

Au buffle font un cortège étrange et farouche les bisons énormes, à la bosse singulière, aux cornes excentriques et meurtrières, à la poitrine ornée d'une inculte et épaisse toison. Il n'est pas de chasse plus émouvante et plus recherchée de l'Américain que la chasse aux bisons.

Il s'acharne, en effet, à la poursuite de ce grand fauve, tant à cause de l'âpre et périlleux plaisir de cette grosse chasse, qu'à cause de la chair délicieuse du bison.

*
* *

Voici, d'abord, le grand ours gris des montagnes Rocheuses, le plus grand, le plus fort, le plus féroce et le plus dangereux de tous les ours de la terre. C'est le digne héritier et représentant du grand ours des cavernes des temps préhistoriques. Sans excepter l'ours polaire, le gigantesque ours blanc de Sibérie, l'ours gris des montagnes Rocheuses est le roi des plantigrades. Sa chasse est pleine de péripéties dramatiques.

Voici encore l'ours brun, presque noir, de la Louisiane, aux lèvres et aux oreilles presque toujours marquées de feu. C'est un redoutable animal, solitaire et farouche, toujours en éveil, toujours prêt à attaquer l'audacieux qui franchit son petit domaine. On peut voir actuellement, au Jardin des Plantes, un ours de la Louisiane aux proportions énormes et superbes.

*\
* *

L'Amérique abonde en sangliers, en loups, en cerfs dont le plus beau, le plus, grand, le plus fort est l'admirable cerf du Canada ; le Jardin d'acclimatation de Paris en possède d'admirables spécimens.

Mais nous voici en face d'une troupe immense et pressée d'animaux singuliers, qui, d'un pas rapide, s'étendent comme le vent dans les solitudes américaines : ce sont les pécaris.

Le pécari est le sanglier d'Amérique.

Vif, alerte et dégagé, l'oreille courte et le groin mobile, les soies grises et longues, la queue frétillante et le pied léger, il a l'air goguenard et familier, avec un beau collier autour du cou. Il est gai, sociable et joueur, s'apprivoise comme un moineau et devient aisément l'ami de l'homme. Fruits, racines, insectes, vers, lézards, serpents, chénilles, il dévore ce qu'il rencontre, à la hâte, d'un coup de dent, et reprend sa course.

Seul, un pécari est à peu près inoffensif; mais il n'est jamais seul, et un troupeau de pécaris se précipite comme une avalanche irrésistible.

En avant de la troupe galope le chef, un marcheur sans rival, la plus fine jambe de la troupe; les mâles suivent et les femelles viennent après; puis, les vieux et les petits. Tous suivent et tous courent, ardents, disciplinés, dévorant l'espace.

La chair du pécari est excellente et fine, tout à fait distincte de la chair de notre porc européen. Aussi les Indiens font-ils à ces fauves une guerre acharnée. Ils les prennent au lacet, ou dans des fosses qui les engloutissent par douzaines. Wood, le naturaliste anglais, raconte le trait suivant. Tandis que les pécaris se reposent, un des leurs monte toujours la garde. Le chasseur s'approche en tapinois et tue la sentinelle. Une autre la remplace aussitôt, qui tombe à son tour ; puis une troisième, une quatrième, et ainsi de suite jusqu'à ce qu'il ne reste plus un seul pécari. Il est curieux de voir le dernier pécari

Fig. 17. — Le pécari est le sanglier d'Amérique

se monter la garde à lui-même ou ne veiller que sur des cadavres. C'est naïf, c'est grand comme la discipline ; mais est-il bien sûr que ce soit vrai ?

LES FAUVES DE L'OCÉANIE

Les kangurous. — L'ours malais.

Les fauves sont assurément moins grands, moins forts, moins variés et moins dangereux en Océanie que dans l'Inde, l'Afrique et l'Amérique.

La première place des fauves océaniens appartient, sans contredit, au kangurou, de l'antique race des marsupiaux, les premiers mammifères de notre monde.

C'est une bête étrange et bizarre. En voici une vingtaine, qui prennent leurs ébats singuliers dans les herbes odorantes de l'Australie. Assis sur ses pattes de derrière et droit comme un I, celui-ci se balance en sommeillant sur sa robuste queue ; celui-là s'avance par bonds méthodiques et lents en portant ses courtes pattes de devant, j'allais dire ses mains, comme un manchot son moignon. Un autre, penché comme la tour de Pise, semble tricoter avec ses pattes des mitaines invisibles. D'autres encore se poursuivent en cadence, marquant d'un pas excentrique une sorte de bourrée australienne ou de galop extravagant.

Le kangurou porte tout avec lui. Il a sous son ventre un berceau naturel, vaste poche où dorment ses petits. Tout à coup, ce nid vivant s'agite, et l'on aperçoit une patte qui émerge, une queue, une oreille, un museau délicat qui se profile, une tête fine qui apparaît tout entière et vous regarde curieusement.

Un bond, et la poche est vide, le nid désert; l'enfant dehors; avec une grâce adorable, il joue aux pieds de sa mère. Un bruit survient, nouveau bond; l'enfant rentre tout frémissant au logis, au berceau, et l'on n'aperçoit plus qu'un soupçon de queue ou un bout d'oreille. La mère, la nourrice et le berceau ne font qu'un.

On compte trente espèces de kangurous. Le *kangurou géant*, dont la taille atteint plus de six pieds; le *kangurou à moustaches*, qui a l'air d'un vieux guerrier, et le *kangurou rat*, qui est moins gros qu'un lièvre, sont les principales et les plus curieuses espèces.

Le kangurou est, en général, d'humeur timide et douce; mais si on l'attaque, il se défend avec

Fig. 18. — Le kangurou.

courage. Son arme redoutable est un ongle tranchant comme un couteau, dont son pied de derrière est muni. Debout sur sa queue, il saisit son adversaire avec ses pattes de devant, lève vivement sa patte de derrière et, de son ongle puissant, lui ouvre le ventre, à la japonaise.

Le kangurou est parfaitement acclimaté. Il se reproduit et se répand chaque jour davantage dans nos jardins zoologiques.

*
* *

L'ours malais ne ressemble à aucun ours de la création.

C'est le plus petit, le plus mignon, le plus délicat et le plus familier des plantigrades connus. En un mot, c'est un ours de Lilliput à côté du grand ours polaire, et surtout du colossal ours gris des montagnes Rocheuses.

L'ours de Malaisie est d'un beau noir velouté, marqué de feu. Il est alerte et vif, remuant, joyeux, qualités essentiellement étrangères, comme on sait, au commun des ours.

Il a, tout au plus, sur la conscience, un cadavre d'écureuil ou d'oiseau, mais il est friand de racines odorantes et de fruits parfumés. Le miel est son régal. Il est solitaire sans être farouche et se plaît à faire la sieste à l'ombre d'un buisson de mimosas.

Une particularité singulière caractérise l'ours

malais. Il a la lèvre longue et extensible, à la façon des tapirs, comme si la nature avait voulu approcher de sa bouche les fruits et les racines dont il est si friand.

Rien de gracieux et de charmant comme une

Fig. 19. — L'ours malais ne ressemble à aucun ours de la création.

famille d'oursons malais. Il est curieux de voir la mère jouer tendrement de la patte et du museau avec ces petites boules noires qu'elle lèche, sans relâche, comme si elle craignait qu'elles ne fussent jamais assez luisantes et assez coquettes.

LES FAUVES

DES CONTRÉES BORÉALES

Le renne sauvage. — L'ours blanc. — Le bœuf musqué. — Les renards bleus et les loups polaires. — Le glouton. — La grande fouine de Sibérie. — Les chiens sauvages.

Je n'ai pas à parler ici du grand ours polaire, qui trouve mieux sa place dans le monde des eaux.

Je ne dois pas, non plus, vous parler du renne domestique, qui est la richesse, la vie et la consolation de ces régions déshéritées; mais le renne sauvage entre en plein dans ce cadre.

Le renne sauvage est plus haut, plus fort et plus majestueux que le renne domestique; c'est un vigoureux enfant des montagnes, qui émigre de solitude en solitude, passe les fleuves à la nage, escalade librement les cimes escarpées, couche, rumine et dort sur la glace, fouille la terre de son large sabot, pour découvrir les plantes étiolées dont il se nourrit.

Il forme des troupeaux immenses, où règnent la concorde et la discipline. Tandis que le troupeau broute en paix, un vieux renne monte soigneusement la garde, jusqu'à ce qu'une sentinelle vienne le relever de sa faction.

A la moindre alerte, tous s'arrêtent et dressent leur tête farouche, coiffée d'un bois magnifique; ils ont vite fait de décamper.

Surpris, ce qui est bien rare, ils font face au danger. Les petits forment un troupeau à part, sous la surveillance d'un vieux renne, qui les guide et qui les garde, préside à leurs jeux, les conduit au pâturage, comme on mène un pensionnat à la promenade ou des enfants de troupe à l'exercice. Rien de gracieux et de charmant, de plus joliment étonné, de plus curieusement éveillé que le petit renne.

Dans le Groënland, lorsqu'un enfant meurt, avant de l'ensevelir dans la neige, on lui donne un compagnon pour guider sa jeune âme : cette victime est un petit renne. La mère croit, dans son innocence, que cet ami conduira son fils près des vieux parents qui l'ont précédé dans la tombe.

En Laponie, la jeune fille offre une tasse de

Fig. 20. — Renards bleus.

lait de renne sauvage à celui qu'elle a choisi pour époux : c'est un aveu et un serment.

Le renne sauvage est loin d'être utile à l'habitant des contrées boréales comme le renne domestique, qui est le mouvement de cette terre éternellement muette, la vie de ces régions mortes, la fécondité et la richesse de ces lieux stériles ; mais, du renne sauvage, l'Esquimau et le Lapon tirent une chair substantielle et saine, des vêtements solides et chauds.

Les plus terribles climats de l'univers sont la patrie du renne : le Groënland, la Sibérie, la Norvège septentrionale. Le renne sauvage, avec ses troupeaux immenses et pittoresques, est la parure unique de ces régions désolées, où l'on n'entend qu'un bruit : la voix mystérieuse et triste du rossignol du pôle, chantant au pâle soleil de minuit.

*
* *

Au milieu des glaces et des neiges errent, par bandes, des chiens à moitié sauvages, l'oreille droite, l'œil farouche et le panache flottant, maigre, affamé, défiant ; l'Esquimau les dompte et les soumet, les attelle par demi-douzaine à son traîneau rapide et léger, qui court

Fig. 21. — Quand vient l'hiver, le bœuf musqué émigre.

sur les plaines de glace comme s'il était emporté par le vent.

Dans ces lieux inhospitaliers, se trouve aussi le glouton, vorace et cruel, ennemi déclaré du renne, qu'il saisit à la gorge, qu'il déchire, qu'il tue, dont il boit le sang, et dont il déchiquette le corps palpitant.

Voici les renards bleus à la fourrure magnifique et la grande fouine de Sibérie à la robe éclatante et veloutée.

Arrivons au grand fauve de l'extrême Nord : le bœuf musqué ou polaire.

Ce superbe animal ressemble si peu à ses confrères des autres régions, qu'on hésite toujours à le prendre pour un bœuf. Avec les longs poils qu'il traîne à ses pieds, il a l'air d'une bête en robe de chambre, et quand il court, on dirait un dais qui passe, porté par des mains invisibles.

Si l'homme le respecte, il le considère avec bienveillance et se montre aussi confiant qu'étonné ; si l'homme répond à cet accueil indulgent par un coup de feu, le bœuf polaire s'élance sur le chasseur, le renverse d'un coup de corne et le foule sous son sabot d'airain ; il l'écrase, il le broie.

Ce curieux animal ne se plaît que dans les steppes affreuses et dans ces neiges éternelles, où il voit tout en blanc.

Quand vient l'hiver, le bœuf musqué émigre à cinquante lieues vers le sud, sur le continent américain. Là, il trouve encore la feuille de bouleau qui lui est chère et les neiges dont il ne peut se passer. Quand vient l'été, cet amoureux des neiges retourne en bondissant dans son Éden glacé.

L'affection du bœuf polaire pour ses enfants est des plus touchantes. Parfois, la longue toison qui tombe aux pieds de la mère s'écarte brusquement, comme les rideaux d'une portière, et une petite tête éveillée, mutine, toute chargée de frisettes et de tire-bouchons apparaît derrière les poils soyeux, comme à travers les barreaux d'une jalousie. Puis, on aperçoit une énorme pelote appuyée sur quatre petites jambes, qui s'agitent autour de la nourrice, comme si elles avaient du vif-argent dans les veines. Cet enfant est le veau musqué.

Le bœuf polaire, d'un pas rapide et souverain, atteint les dernières limites d'un monde; il s'arrête et mugit en auscultant l'horizon de son re-

gard farouche, comme s'il voulait dire : « On ne
peut aller plus loin, » de même que le condor
des Andes, entre le nuage qui flotte sur sa tête
et l'aigle qui vole à ses pieds, annonce par un
cri de victoire « qu'on ne peut monter plus
haut ».

LES FAUVES D'EUROPE

Au fond des forêts lithuaniénnes on rencontre encore l'auroch, ce bœuf gigantesque et sauvage qui, selon quelques naturalistes, serait l'ancêtre de notre bœuf domestique.

Du temps des Gaulois, on voyait fréquemment l'auroch sur les bords de la Seine et de la Loire, dans les bois épais qui bordaient le Rhône, la Meuse et le Rhin. Au moyen âge même, l'auroch était encore très répandu en Allemagne.

On ne le rencontre plus aujourd'hui que dans les forêts profondes de la Lithuanie, qui semblent son dernier refuge.

Bientôt, l'auroch, qui aura mis cinq ou six siècles pour passer définitivement le Rhin, aura absolument disparu de la vieille Europe. Il a été vaincu par le bœuf, ce précieux auxiliaire de l'homme, ce travailleur infatigable et docile, qui nous apparaît comme le pivot vivant autour duquel tournent la vie domestique, la richesse du sol, la fécondité des campagnes et la prospérité des peuples.

C'était pourtant un solide et fier animal que ce géant des bois. Après l'éléphant et le rhinocéros, la plus haute et la plus large place appartient à l'auroch.

Dans cette espèce, que nos descendants ne connaîtront que par des squelettes formidables, le mâle atteint jusqu'à six pieds de haut et dix pieds de long. Son pelage est une sorte de bourre douce et laineuse; le front bombé a la dureté d'une enclume et frappe comme un maillet. Sa corne meurtrière, grosse et ronde, est irrésistible. Son cou énorme porte une épaisse crinière à l'aspect étrange; une barbe pendante et longue flotte au vent impétueux des monts, et son œil farouche semble défier la nature qui l'a condamné à mourir.

Fig. 22. — Au fond des forêts lithuaniennes se trouve encore l'auroch ...

Des forêts profondes de la Lithuanie, passons dans les vastes steppes de la Russie orientale, sillonnées par des bandes de loups affamés.

Ah! ce n'est pas notre loup du Morvan ou du Périgord et de la Saintonge, qu'un bélier met en fuite, le terrible loup de Russie! C'est tout simplement le maître incontesté de ces steppes immenses, audacieux, cruel, palpitant, avide de carnage et jamais repu.

Il ne marche que par bandes; ils sont quatre-vingts, trois cents, avides et pressés, terrifiants, altérés de sang, hurlant, bondissant, courant au meurtre.

L'horizon était désert et le regard, ébloui par les neiges, n'apercevait que l'immensité. Tout à coup, apparaissent au loin des points noirs et mouvants; puis, se forme, s'étend je ne sais quelle masse étrange et gigantesque qui se lève, s'abaisse, ondule, avance avec une rapidité vertigineuse. C'est une bande de loups, qui arrive comme un torrent.

Un jour, trois chasseurs russes traversaient un bout de la steppe, emportés à toute vitesse par deux vigoureux chevaux. Soudain, les loups apparaissent à l'horizon, et leur masse énorme, flairant un festin imprévu, s'élance à la poursuite des chasseurs. Ils atteignent le traîneau et l'englobent d'un croissant vivant, dont les pointes sont tournées du côté des chevaux.

Si le croissant se referme, plus d'espoir de salut! La vie de tous est dans la main du cocher, dans son expérience et son habileté, dans son sang-froid. Par une manœuvre adroite et ferme, il s'agit d'empêcher les deux pointes du croissant de se réunir, et, dans leur admirable instinct, les braves, les intelligents chevaux se conforment, avec une vigueur prodigieuse, à la tactique du cocher. De leur côté, les chasseurs tiennent tête aux assaillants, les frappent à coups de massue, à coups de crosse de fusil, leur envoient balles sur balles, dégaînent leurs couteaux, et le loup qui tombe mort est aussitôt dévoré par ses compagnons.

Enfin se dessine à l'horizon une masse imposante, que saluent des cris de joie; c'est la maison du chef des chasseurs. Un quart d'heure de cette course effrénée au milieu des neiges, et l'on arrive au port, et tout le monde est sauvé.

La steppe s'éloigne, la maison se rapproche

Fig. 23. — Les chasseurs tiennent tête aux assaillants.

et les loups suivent toujours, plus pressés, plus ardents, plus nombreux. Le terrible croissant s'allonge, se resserre et va se refermer sur les chasseurs épouvantés, mais toujours luttant. Par un effort suprême, le cocher lance ses chevaux avec une impétuosité étourdissante, et le char à bancs arrive dans la cour; mais avec lui sont entrés les loups.

En un clin d'œil, les chasseurs s'élancent dans la maison, dont les portes et les fenêtres sont aussitôt barricadées. En moins de dix minutes, les chevaux sont dévorés, réduits à l'état de squelettes.

Puis, l'ennemi insatiable commence le siège de la maison, après avoir dévoré chiens, porcs, vaches, chèvres, brebis, volailles. Des fenêtres, les chasseurs tirent sur les loups, dont les morts sont aussitôt dépecés par les vivants, et la bande furieuse se montre à chaque instant plus ardente et plus acharnée. Les munitions s'épuisent, elles vont manquer. Plus de balles! des armes inutiles! Va-t-on se barricader de chambre en chambre, en attendant qu'arrive un secours inespéré et que le soleil de midi vienne épouvanter de ses vifs rayons la bande des loups?

Un des chasseurs conçoit alors une idée bizarre, qu'il communique avec empressement aux assiégés. Là-haut, sur la terrasse, il organise un concert de trompes et de cors de chasse.

L'instrument de musique se fait arme, arme étrange et vraiment comique dans ce péril extrême.

En entendant ce tintamarre affreux qui remplit la maison, la bande innombrable, terrifiée par ce charivari, abandonne la cour, s'éloigne en toute hâte et disparaît dans les steppes avec une rapidité éblouissante.

*
* *

Les forêts profondes de la Russie septentrionale recèlent, dans leurs taillis montagneux, quelques ours, d'une respectable vigueur et d'une assez belle venue. Ces magnifiques fauves sont dignes, en tous points, d'exercer le courage et l'habileté des chasseurs moscovites. Sans égaler par la taille, la vigueur et la férocité l'ours noir de la Louisiane et le grand ours gris des montagnes Rocheuses, l'ours de Russie est un gibier fort présentable; il ne se gêne guère pour mettre en fuite une meute de chiens et étouffer, entre ses bras velus, le chasseur qu'il parvient à saisir.

Fig. 24. — Le mouflon.

Quittons les plaines neigeuses et froides de la Russie pour les rivages ensoleillés de la Sardaigne et de la Corse. Là, sur les montagnes parfumées de myrte et de lavande, se dresse un fauve superbe et fier, farouche et belliqueux, aux jarrets de fer, au front de granit, aux cornes formidables.

C'est le mouflon, dont la peau précieuse produit ce cuir, si souple et si estimé, qu'on vend sous le nom de *maroquin*. On sait que les mouflons se livrent des combats terribles, où il y a presque toujours un mort, transpercé d'un coup de corne par le vainqueur, ou jeté d'un coup de tête dans un abîme.

*
* *

L'ours et le loup de Russie, l'auroch des forêts lithuaniennes, le mouflon des montagnes de la Sardaigne et de la Corse, tels sont les fauves principaux de l'Europe.

Nos ours des Alpes et des Pyrénées ne sont guère affamés que de fraises et de miel.

En Espagne même, le fameux ours des Asturies est devenu moins grognon à mesure qu'il devient plus rare. Il suffit quelquefois d'un bruit de castagnettes pour qu'il se retire dans ses buissons, où il rêve, sans doute, sur la décadence de sa race.

Il y a un siècle environ, l'Angleterre a tué son dernier loup, et nous avons vu, dans la banlieue parisienne, des renards dégénérés que des enfants traînaient au bout d'une ficelle.

Nos pauvres loups de la Bourgogne et du Périgord, nos daims, nos chevreuils et nos cerfs, que le déboisement des forêts affole, ne savent plus où mettre la patte.

Si j'en excepte le grand sanglier de Pologne, qui se comporte avec une dignité suffisamment farouche, nos sangliers d'Europe relèvent beaucoup moins de l'histoire naturelle que de la charcuterie.

Les cerfs et les chevreuils appartiennent à *la Cuisinière bourgeoise.*

*
* *

Il n'en fut pas toujours ainsi : il y a des milliers d'années, la faune gigantesque et terrible, qui épouvante encore aujourd'hui, errait en troupes monstrueuses sur les bords de nos fleuves et de nos rivières, s'abritait en rugissant dans les cavernes des jeunes montagnes de l'Auvergne et du Jura, empanachées de volcans prodigieux, à jamais éteints.

A ces grands fauves des temps préhistoriques, qui peuplaient nos contrées, le monde semblait appartenir pour toujours, et ils ne sont plus de ce monde.

Il y a bien des siècles que leur rôle est fini dans nos régions bénies, comme il finira un jour dans les savanes américaines, les steppes de l'Asie, les déserts de l'Afrique.